Sitzungsberichte
der Heidelberger Akademie der Wissenschaften
Stiftung Heinrich Lanz
Mathematisch-naturwissenschaftliche Klasse
Abteilung A.
Jahrgang 1924. 6. Abhandlung.

Die verschiedenen Arten der Hauptidealringe

Von

Wolfgang Krull
in Freiburg i. Br.

Eingegangen am 20. Juni 1924
Vorgelegt von A. Loewy in der Sitzung vom 20. Juni 1924.

Berlin und Leipzig 1924
Walter de Gruyter & Co.
vormals G. J. Göschen'sche Verlagshandlung / J. Guttentag, Verlagsbuchhandlung / Georg Reimer / Karl J. Trübner / Veit & Comp.

Die verschiedenen Arten der Hauptidealringe.

In der vorliegenden Arbeit verstehen wir gemäß der gebräuchlichen Ausdrucksweise unter einem „Ring“ ein System von Elementen, die durch „Addition“ und „Multiplikation“ nach den bei den ganzen Zahlen üblichen Rechnungsregeln verknüpft werden können, wobei über die Umkehrbarkeit der Multiplikation, also über die Division, keinerlei Voraussetzungen gemacht werden.

Im folgenden beschäftigen wir uns nur mit solchen Ringen, die ein Einheitselement der Multiplikation besitzen, und zwar fragen wir insbesondere nach denjenigen Bereichen, in denen man zu zwei beliebigen Elementen stets, ähnlich wie bei den ganzen Zahlen, ein drittes Element als größten gemeinschaftlichen Teiler finden kann. Vom Standpunkt der Idealtheorie aus[1]) sind diese Ringe dadurch gekennzeichnet, daß in ihnen jedes Ideal ein Hauptideal ist, das heißt aus der Gesamtheit aller durch ein festes Element teilbaren Ringelemente besteht. Wir werden daher in Zukunft von „Hauptidealringen“ sprechen.

Einfache Beispiele für Hauptidealringe sind außer dem Ring der ganzen Zahlen etwa der Ring der ganzen algebraischen Zahlen eines endlichen algebraischen Zahlkörpers mit der Klassenzahl 1 oder der Ring der ganzen p-adischen Zahlen. All den eben genannten Bereichen ist das eine gemeinsam, daß es in ihnen keine Nullteiler gibt, daß also ein Produkt nur dann verschwindet, wenn mindestens ein Faktor verschwindet. Hinsichtlich der multiplikativen Zerlegung ihrer Elemente weisen diese Ringe eine außerordentliche Einfachheit auf. Es läßt sich nämlich jedes Element im wesentlichen eindeutig als Produkt von „Primelementen“ darstellen, wobei ein Primelement genau wie die Primzahl im Bereich der natürlichen Zahlen dadurch charakterisiert werden kann, daß es außer dem Einheitselement keinen von sich selber wesentlich verschiedenen echten Teiler besitzt. — Wir wollen unter diesen

---

[1]) Vergl. zu den in dieser Arbeit vorkommenden idealtheoretischen Sätzen und Begriffen: E. Noether, „Idealtheorie in Ringbereichen“. Math. Annal. 83. p. 23—67. Im folgenden wird diese Arbeit mit „N“ zitiert.

Umständen alle Hauptidealringe der eben gekennzeichneten Art als „Ringe vom Typus der ganzen Zahlen" bezeichnen.[1])

Neben die Ringe vom Typus der ganzen Zahlen ist noch eine zweite, besonders einfache und wichtige Art von Hauptidealringen zu stellen, als deren klassischer Vertreter das Restklassensystem nach einer ganzen natürlichen Zahl anzusehen ist. Hier treten im Gegensatz zu dem vorher untersuchten Typus Nullteiler auf, aber dafür ist jeder Nichtnullteiler Einheit, d. h. es ist stets die Gleichung $r \cdot x = r_\varepsilon$ durch ein Element x unseres Ringes R lösbar, falls r kein Nullteiler ist, und falls r_ε das oben erwähnte Einheitselement der Multiplikation von R bedeutet. Die allgemeinen Ringe dieser Art sind die von Herrn FRAENKEL[2]) untersuchten zerlegbaren Ringe. Sie sind hinsichtlich der Multiplikation im wesentlichen genau so gebaut wie das Restklassensystem nach einer natürlichen Zahl, es läßt sich nämlich die Null, auf deren Produktzerlegung es hier hauptsächlich ankommt, im wesentlichen eindeutig als Produkt von Primteilern darstellen.

Das hauptsächlichste Ergebnis der vorliegenden Arbeit besagt nun: *Jeder Hauptidealring läßt sich als eindeutige Summe von endlich viel Ringen vom Typus der ganzen Zahlen und von endlich viel zerlegbaren Ringen darstellen*, es genügt also die Kenntnis dieser beiden Typen zur Beherrschung der allgemeinsten Hauptidealringe.

Der Beweis dieses in seiner Einfachheit bemerkenswerten Resultates ist nicht schwierig, man braucht dabei nur einige wenige Grundbegriffe aus der Idealtheorie, die in § 1 eingeführt werden. Mit ihrer Hilfe kann man dann, wie in § 2 und § 3 gezeigt wird, die Theorie der regulären bzw. der Nullteilerideale eines beliebigen Hauptidealrings entwickeln. Dabei ergibt sich eine Zerlegung des gegebenen Ringes in endlich viel „spezielle" Ringe, von denen wir dann in § 4 zeigen, daß sie sämtlich zerlegbare Ringe oder Ringe vom Typus der ganzen Zahlen sind, womit unser Hauptsatz bewiesen ist.

§ 1. Grundbegriffe der Ideal- und Ringtheorie.[3])

Unter einem „Ring" verstehen wir in üblicher Weise ein System von Elementen, die durch „Addition" und „Multiplikation" verknüpft

---

[1]) Zu den Ringen vom Typus der ganzen Zahlen gehört nach dieser Definition z. B. auch der Ring der Polynome einer Variabeln mit rationalen Zahlkoeffizienten (oder allgemeiner: mit Koeffizienten aus einem beliebigen Körper).

[2]) „Über die Teiler der Null und Zerlegung von Ringen" Journal für Math. 45 p. 139–176. Diese Arbeit wird im folgenden mit „F" zitiert.

[3]) Vergl. zu diesem Paragraphen F § 1, N § 1 sowie KRULL: „Algebraische Theorie der Ringe I". Math. Annal. 88 p. 80–122, § 1 und § 2.

werden können, wobei diese beiden Operationen folgenden Bedingungen genügen.

1. Die Elemente von R bilden hinsichtlich der Addition eine kommutative Gruppe.
2. Die Multiplikation ist eindeutig, assoziativ, kommutativ.
3. Es gilt das distributive Gesetz, d. h. es ist $a \cdot (b+c) = a \cdot b + a \cdot c$ für beliebige Ringelemente a, b, c.
4. Es gibt in R ein Einheitselement (der Multiplikation) r_ε, das für beliebiges a der Gleichung $a \cdot r_\varepsilon = a$ genügt.

Die Bedingungen 1—3 definieren den allgemeinsten kommutativen Ring. Aus ihnen ergibt sich die Existenz des Einheitselementes der Addition, der Null, aber nicht die Existenz des Einheitselementes der Multiplikation. Letztere mußte daher in Axiom 4 ausdrücklich gefordert werden. Die Eindeutigkeit des dort definierten Einheitselementes folgt aus der Kommutativität der Multiplikation.

Ein System $\mathfrak{a}$ von Ringelementen heißt Ideal, wenn in $\mathfrak{a}$ gleichzeitig mit den Elementen a und b stets auch ihre Summe $a+b$, sowie das Produkt $a \cdot c$ von a mit einem beliebigen Ringelemente c enthalten ist. Besteht $\mathfrak{a}$ insbesondere aus der Gesamtheit aller Elemente von der Form $\sum_{i=1}^{n} \alpha_i a_i$, wobei die α_i beliebige, die a_i feste Ringelemente bedeuten, so nennen wir $a_1, a_2 \cdots a_n$ eine Basis von $\mathfrak{a}$ und schreiben $\mathfrak{a} = (a_1, a_2 \cdots a_n)$. Ein Ideal heißt Hauptideal, wenn es eine eingliedrige Basis, also die Gestalt $\mathfrak{a} = (a)$ besitzt. Ein Ring R, in dem jedes Ideal Hauptideal ist, soll als Hauptidealring bezeichnet werden.

Ein Element a heißt durch das Ideal $\mathfrak{a}$ teilbar, und man schreibt $a \equiv 0 \ (\mathfrak{a})$, wenn a unter den Elementen von $\mathfrak{a}$ enthalten ist. Ebenso nennen wir das Ideal $\mathfrak{a}$ durch das Ideal $\mathfrak{b}$ teilbar und schreiben $\mathfrak{a} \equiv 0 \ (\mathfrak{b})$, wenn jedes Element von $\mathfrak{a}$ durch $\mathfrak{b}$ teilbar ist. Ist $(a) \equiv 0 \ ((b))$, besteht also eine Gleichung $a = b \cdot c$, so nennen wir a durch das Ringelement b teilbar. Zwei wechselseitig durcheinander teilbare Ringelemente heißen äquivalent.

Mit Hilfe des Teilbarkeitsbegriffes können wir das Hauptideal folgendermaßen definieren: Ein Ideal $\mathfrak{a}$ heißt Hauptideal, wenn es aus der Gesamtheit aller Ringelemente besteht, die durch ein festes Element a, die Basis des Ideals, teilbar sind. Unter dem Produkt zweier Ideale $\mathfrak{a}$ und $\mathfrak{b}$ versteht man dasjenige Ideal, das durch die Gesamtheit aller endlichen Summen von der Form $\Sigma_i \, a_i \, b_i$ gebildet wird, wobei a_i ein beliebiges Element aus $\mathfrak{a}$, b_i ein solches aus $\mathfrak{b}$ bedeutet. Ist $\mathfrak{a} = (a)$, $\mathfrak{b} = (b)$, so ist $\mathfrak{a} \cdot \mathfrak{b} = (a \cdot b)$. Ein Ideal $\mathfrak{p}$ heißt Primideal, wenn ein Produkt zweier Elemente oder allgemeiner zweier Ideale nur dann durch $\mathfrak{p}$ teilbar ist, wenn das gleiche von mindestens einem Faktor gilt. Ist $\mathfrak{p} = (p)$, so nennen wir p Primelement.

Unter dem größten gemeinschaftlichen Teiler $(\mathfrak{a}_1, \mathfrak{a}_2 \cdots)$ der endlich oder unendlich vielen Ideale $\mathfrak{a}_1, \mathfrak{a}_2 \cdots$ versteht man dasjenige Ideal, das von der Gesamtheit aller endlichen Summen, von der Form $\Sigma_i\, a_i$ gebildet wird, wobei a_i ein beliebiges Element aus $\mathfrak{a}_i$ bedeutet. Die Ideale $\mathfrak{a}_1, \mathfrak{a}_2 \cdots \mathfrak{a}_n$ heißen teilerfremd, wenn das Ideal $(\mathfrak{a}_1, \mathfrak{a}_2 \cdots \mathfrak{a}_n)$ gleich dem aus allen Ringelementen bestehenden Einheitsideal $(r_\varepsilon) = \mathfrak{o}$ wird, wenn also eine Gleichung $\sum_{i=1}^{n} a_i = r_\varepsilon$ gilt, wobei a_i durch $\mathfrak{a}_i$ teilbar ist. Aus der Definition der Teilerfremdheit erkennt man leicht mit Hilfe von auch in der elementaren Zahlentheorie gebräuchlichen Schlüssen:[1])

Ist $\mathfrak{a}_1$ zu $\mathfrak{b}$ teilerfremd und ist $\mathfrak{a}_1 \cdot \mathfrak{a}_2$ durch $\mathfrak{b}$ teilbar, so ist $\mathfrak{a}_2$ durch $\mathfrak{b}$ teilbar. Sind die Ideale $\mathfrak{a}_i$ und $\mathfrak{b}_k$ $(i = 1, 2 \cdots \nu, k = 1, 2 \cdots \mu)$ stets teilerfremd, so sind auch die Ideale $\prod_{i=1}^{\nu} \mathfrak{a}_i$ und $\prod_{i=1}^{\mu} \mathfrak{b}_i$ teilerfremd.

Ist a ein beliebiges Ringelement, so nennen wir a einen Nullteiler, wenn die Gleichung $a \cdot x = 0$ durch ein von 0 verschiedenes Element x lösbar ist, andernfalls bezeichnen wir a als regulär. Ist insbesondere r ein Element, für das eine Gleichung $r \cdot r^{-1} = r_\varepsilon$ besteht, und mithin das Ideal (r) gleich dem Einheitsideal wird, so nennen wir r eine Einheit. Schließen wir den trivialen Fall des aus dem einzigen Elemente 0 bestehenden Ringes ein für allemal aus, so ist r_ε und folglich jede Einheit stets regulär. Entsprechend wie bei den Elementen können wir auch bei den Idealen von regulären und von Nullteileridealen sprechen, indem wir ein Ideal $\mathfrak{a}$ als regulär oder als Nullteilerideal bezeichnen, je nachdem die Gleichung $\mathfrak{a} \cdot \mathfrak{x} = (0)$ durch ein von (0) verschiedenes Ideal $\mathfrak{x}$ unlösbar oder lösbar ist. Man sieht unmittelbar, daß ein Hauptideal $\mathfrak{a} = (a)$ regulär oder Nullteilerideal ist, je nachdem a ein reguläres Element oder einen Nullteiler darstellt.

§ 2. Die regulären Ideale in Hauptidealringen.

Wir beweisen zunächst den folgenden, für die Zerlegungssätze in unseren Bereichen grundlegenden

Satz von der endlichen Kette.[2]) Ist R ein Hauptideal-

[1]) Vergl. N § 8, Satz XIV, sowie die Bemerkung in Anschluß an Definition VIII.

[2]) Vergl. N § 1, Satz I. Bei N wird der Satz allgemein für solche Ringe bewiesen, in denen jedes Ideal eine endliche Basis besitzt.

ring und bezeichnet $\mathfrak{a}_1, \mathfrak{a}_2 \cdots$ eine unendliche Folge von Idealen aus R derart, daß $\mathfrak{a}_{i+1}$ stets ein Teiler von $\mathfrak{a}_i$ ist, so wird von einem endlichen Index n an stets $\mathfrak{a}_n = \mathfrak{a}_{n+1} = \mathfrak{a}_{n+2} = \cdots\cdots$.

In der Tat, bezeichnen wir mit $\mathfrak{d} = (d)$ den größten gemeinschaftlichen Teiler der Ideale $\mathfrak{a}_1, \mathfrak{a}_2 \cdots$, so muß unter unsern Voraussetzungen das Element d in einem der Ideale $\mathfrak{a}_1, \mathfrak{a}_2 \cdots$, etwa in $\mathfrak{a}_n$ vorkommen. Dann aber wird $\mathfrak{a}_n = \mathfrak{a}_{n+1} = \mathfrak{a}_{n+2} = \cdots = \mathfrak{d}$. Wir können dem Satz von der endlichen Kette auch folgende, negative Fassung geben:

Es ist in einem Hauptidealring unmöglich, eine unendliche Kette von Idealen $\mathfrak{a}_1, \mathfrak{a}_2 \cdots$ zu konstruieren, bei der allgemein $\mathfrak{a}_{i+1}$ ein echter (also von $\mathfrak{a}_i$ verschiedener) Teiler von $\mathfrak{a}_i$ wird.

In dieser negativen Gestalt werden wir unser Theorem in Zukunft benutzen. Wir wollen jetzt zunächst über die Natur der regulären Primideale Aufschluß gewinnen und beweisen dazu folgenden

Hilfssatz. Zwei reguläre Elemente a_1 und $a_2 = a_1 \cdot r_1$ sind dann und nur dann äquivalent, wenn r_1 Einheit ist.

In der Tat, sollen a_1 und a_2 äquivalent sein, so muß außer der Gleichung $a_2 = a_1 \cdot r_1$ noch umgekehrt eine Gleichung $a_1 = a_2 \cdot r_2$ bestehen. Dann aber haben wir $a_1 = a_1 \cdot r_1 \cdot r_2$, also $a_1 \cdot (r_\varepsilon - r_1 \cdot r_2) = 0$, und da a_1 regulär sein soll, so folgt daraus, $r_\varepsilon = r_1 \cdot r_2$, d. h. r_1 ist Einheit. Ist umgekehrt $r_1 \cdot r_2 = r_\varepsilon$, so ist $a_1 = a_1 \cdot r_1 \cdot r_2 = a_2 \cdot r_2$, a_1 und a_2 sind also dann sicher äquivalent. — Aus unserm Hilfssatz folgt leicht:

Ist $\mathfrak{r} = (r)$ ein reguläres von $\mathfrak{o}$ verschiedenes Ideal, so sind sämtliche Potenzen von $\mathfrak{r}$ verschieden.

Wäre nämlich etwa $\mathfrak{r}^\varsigma = \mathfrak{r}^{\varsigma+\sigma}$ $(\sigma > 0)$, so müßten die Elemente r^ς und $r^{\varsigma+\sigma}$ äquivalent sein, und das ist nach dem Hilfssatz nur möglich, wenn r^σ und mithin auch r Einheit, also $\mathfrak{r} = \mathfrak{o}$ ist. — Als Hauptergebnis erhalten wir ferner aus dem Hilfssatz:

Satz 1. Ein reguläres Ideal aus R läßt sich entweder als Produkt von echten Teilern darstellen oder es besitzt außer dem Einheitsideal überhaupt keinen echten Teiler und ist dann (selbstverständlich) Primideal.

Zunächst ist nach der Definition des Primideals klar, daß ein Ideal $\mathfrak{p}$ ohne von $\mathfrak{o}$ verschiedenen echten Teiler Primideal sein muß, weil ja ein beliebiges Ideal $\mathfrak{a}$ stets entweder durch $\mathfrak{p}$ teilbar oder zu $\mathfrak{p}$ teilerfremd ist. — Ist andererseits $\mathfrak{a} = (a)$ ein reguläres Ideal und $\mathfrak{b} = (b)$ ein von $\mathfrak{o}$ verschiedener echter Teiler von $\mathfrak{a}$, so haben wir eine Gleichung $a = b \cdot c$ und mithin die Idealgleichung $(a) = (b) \cdot (c)$[1]. Dabei können dann nach dem Hilfssatz die Elemente a und c nicht äquivalent sein, d. h. (c) ist ebenso wie (b) ein echter Teiler von (a).

Satz 2. Jedes reguläre Ideal läßt sich eindeutig als Produkt von Primidealpotenzen darstellen.

Um zunächst die Möglichkeit der Produktzerlegung nachzuweisen, zeigen wir, daß aus der vorausgesetzten Existenz eines regulären Ideals $\mathfrak{a}$, das sich nicht als Produkt von endlich viel Primidealen darstellen läßt, ein Widerspruch gegen den Satz von der endlichen Kette folgt. In der Tat, das bewußte Ideal $\mathfrak{a}$ kann jedenfalls nicht Primideal sein, wir haben daher nach Satz 1 eine Gleichung $\mathfrak{a} = \mathfrak{a}_1 \cdot \mathfrak{a}_2$, wobei $\mathfrak{a}_1$ und $\mathfrak{a}_2$ echte Teiler von $\mathfrak{a}$ sind. Wären nun $\mathfrak{a}_1$ und $\mathfrak{a}_2$ beide als Produkt von endlich viel Primidealen darstellbar, so gälte offenbar das gleiche für $\mathfrak{a}$. Wir dürfen daher annehmen, daß etwa $\mathfrak{a}_1$ keine derartige Darstellung zuläßt. Dann aber muß eine Gleichung $\mathfrak{a}_1 = \mathfrak{a}_{11} \cdot \mathfrak{a}_{12}$ bestehen, wobei $\mathfrak{a}_{11}$ und $\mathfrak{a}_{12}$ echte Teiler von $\mathfrak{a}_1$ sind, und etwa $\mathfrak{a}_{11}$ nicht als Produkt von endlich viel Primidealen darstellbar ist. Wir können daher auf $\mathfrak{a}_{11}$ dieselbe Schlußweise anwenden wie vorher auf $\mathfrak{a}$ und $\mathfrak{a}_1$ und gelangen so zur Konstruktion einer ins unendliche laufenden echten Teilerkette. Da die Existenz einer solchen Kette ausgeschlossen ist, so kann auch kein Ideal $\mathfrak{a}$ der bewußten Art existieren, wir finden mithin für jedes reguläre Ringideal $\mathfrak{r}$ eine Gleichung $\mathfrak{r} = \mathfrak{p}_1\, \mathfrak{p}_2 \cdots \mathfrak{p}_\nu$, oder, bei Zusammenfassung gleicher Faktoren, $\mathfrak{r} = \mathfrak{p}_1^{\varsigma_1} \cdot \mathfrak{p}_2^{\varsigma_2} \cdots \mathfrak{p}_\sigma^{\varsigma_\sigma}$. Daß die Darstellung eindeutig bestimmt ist, ergibt sich nach dem in der Zahlentheorie üblichen Schlußschema:

Ist $\mathfrak{r} = \mathfrak{p}_1^{\varsigma_1} \cdot \mathfrak{p}_2^{\varsigma_2} \cdots \mathfrak{p}_\sigma^{\varsigma_\sigma} = \bar{\mathfrak{p}}_1^{\bar{\varsigma}_1} \cdot \bar{\mathfrak{p}}_2^{\bar{\varsigma}_2} \cdots \bar{\mathfrak{p}}_{\bar{\sigma}}^{\bar{\varsigma}_{\bar{\sigma}}}$, wobei die Ideale $\mathfrak{p}_i$ und $\bar{\mathfrak{p}}_i$ jeweils untereinander verschieden sind, so muß $\bar{\mathfrak{p}}_1$ unter den Primidealen $\mathfrak{p}_1, \mathfrak{p}_2 \cdots \mathfrak{p}_\sigma$ vorkommen, weil sonst $\bar{\mathfrak{p}}_1$ zu den Primidealen $\mathfrak{p}_1$, $\mathfrak{p}_2 \cdots \mathfrak{p}_\sigma$ und mithin nach einem in § 1 angeführten Satz auch zu $\mathfrak{r}$ teilerfremd wäre. Ist nun etwa $\bar{\mathfrak{p}}_1 = \mathfrak{p}_1$, so schließt man gleichfalls mit Benutzung der Sätze über teilerfremde Ideale, daß $\mathfrak{p}_1^{\varsigma_1} = \mathfrak{p}_1^{\bar{\varsigma}_1}$ sein muß, und daraus folgt noch insbesondere $\varsigma_1 = \bar{\varsigma}_1$, weil nach einer oben gemachten Bemerkung sämtliche Potenzen eines regulären Ideals verschieden sind. Durch Fortsetzung des Verfahrens erkennt man, daß $\sigma = \bar{\sigma}$ und bei geeigneter Numerierung allgemein $\mathfrak{p}_i = \bar{\mathfrak{p}}_i$, $\varsigma_i = \bar{\varsigma}_i$ ist.

[1]) Von der hier zum ersten Male benutzten Tatsache, daß bei Hauptidealringen stets aus der Kongruenz $\mathfrak{a} \equiv 0\ (\mathfrak{b})$ das Bestehen einer Gleichung $\mathfrak{a} = \mathfrak{b} \cdot \mathfrak{c}$ folgt, werden wir in den nächsten Paragraphen immer wieder Gebrauch machen. Die Möglichkeit dieses Schlusses beruht übrigens, wie leicht zu sehen, im wesentlichen darauf, daß wir wissen, daß $\mathfrak{b}$ Hauptideal ist; daß $\mathfrak{a}$ die gleiche Eigenschaft besitzt, ist hier nebensächlich.

Wollen wir den gewonnenen Eindeutigkeitsatz ohne Verwendung des Idealbegriffs aussprechen, so müssen wir ihn so formulieren:

Es sei a ein beliebiges reguläres Element aus R. Dann gilt eine Gleichung $a = r \cdot p_1^{\varsigma_1} \cdot p_2^{\varsigma_2} \cdots p_\sigma^{\varsigma_\sigma}$, wobei r eine Einheit ist, während die Elemente $p_1, p_2 \cdots p_\sigma$ nicht äquivalente Primelemente sind. Hat man zwei Darstellungen $a = r \cdot p_1^{\varsigma_1} \cdot p_2^{\varsigma_2} \cdots p_\sigma^{\varsigma_\sigma} = \bar{r} \cdot \bar{p}_1^{\bar{\varsigma}_1} \cdot \bar{p}_2^{\bar{\varsigma}_2} \cdots \bar{p}_{\bar{\sigma}}^{\bar{\varsigma}_{\bar{\sigma}}}$, so ist $\sigma = \bar{\sigma}$, und bei geeigneter Numerierung sind p_i und $\bar{p}_i$ äquivalent, und die Exponenten ς_i und $\bar{\varsigma}_i$ stimmen überein.

Die Richtigkeit des ausgesprochenen Satzes folgt unmittelbar aus Satz 2, wenn wir a als Basis eines regulären Ideals auffassen. Man sieht übrigens aus der umständlichen Ausdrucksweise, zu der wir durch die Berücksichtigung der Einheitsfaktoren gezwungen sind, daß die Einführung des Idealbegriffs auch bei Hauptidealringen, wenn auch nicht absolut unumgänglich, so doch für Ökonomie der Darstellung recht vorteilhaft ist.

§ 3. Die Nullteilerideale und die Zerlegung des Ringes R.

Bei der Untersuchung der Nullteilerideale werden wir auf wesentlich andere Verhältnisse stoßen als bei den regulären Idealen. Die Dinge liegen hier in der Hauptsache genau so wie bei den allgemeinen zerlegbaren Ringen. Wir beweisen zunächst, als Analogon von Satz 1 den von Herrn Fraenkel herrührenden[1])

Satz 3. Besitzt das Nullteilerideal $\mathfrak{a}$ ein Nullteilerideal $\mathfrak{b}$ als echten Teiler, so läßt sich $\mathfrak{a}$ als Produkt echter Teiler darstellen.

Ist nämlich $\mathfrak{a}_1$ ein echter Teiler von $\mathfrak{a}$, so gilt wegen der Hauptidealeigenschaft von $\mathfrak{a}_1$ sicher auch eine Produktdarstellung $\mathfrak{a} = \mathfrak{a}_1 \cdot \mathfrak{a}'_1$, wobei $\mathfrak{a}'_1$ ein echter oder unechter Teiler von $\mathfrak{a}$ ist. Soll nun $\mathfrak{a}_1$ Nullteilerideal sein, so haben wir eine Gleichung $\mathfrak{a}_1 \cdot \bar{\mathfrak{a}}_1 = (0)$; $\bar{\mathfrak{a}}_1 \neq (0)$, und mithin $\mathfrak{a} = \mathfrak{a}_1 \cdot (\mathfrak{a}'_1, \bar{\mathfrak{a}}_1) = (\mathfrak{a} \cdot \mathfrak{a}'_1, \mathfrak{a} \cdot \bar{\mathfrak{a}}_1)$.[2]) Ich behaupte nun, daß $\mathfrak{a}_2 = (\mathfrak{a}'_1, \bar{\mathfrak{a}}_1)$ ein echter Teiler von $\mathfrak{a}$ ist. In der Tat, wäre es anders, so müßte jedenfalls $\bar{\mathfrak{a}}_1$ durch $\mathfrak{a}$ teilbar sein, es müßte also eine Gleichung $\bar{\mathfrak{a}}_1 = \mathfrak{a} \cdot \mathfrak{a}'$ bestehen. Dann aber hätten wir: $\mathfrak{a} = \mathfrak{a}_1 \cdot \mathfrak{a}$, und weiter $\bar{\mathfrak{a}}_1 = \mathfrak{a}' \cdot \mathfrak{a} = \mathfrak{a}_1 \cdot \mathfrak{a}' \cdot \mathfrak{a} = \mathfrak{a}_1 \cdot \bar{\mathfrak{a}}_1 = (0)$, entgegen unsrer Voraussetzung.

Aus Satz 3 folgt, daß ein Nullteilerideal $\mathfrak{p}$ nur dann Primideal

---

1) Vergl. F. § 2. Satz 2.

2) Die distributive Formel $\mathfrak{a} \cdot (\mathfrak{a}_1, \mathfrak{a}_2) = (\mathfrak{a} \cdot \mathfrak{a}_1, \mathfrak{a} \cdot \mathfrak{a}_2)$, nach der hier ausmultipliziert wurde, folgt unmittelbar aus der Definition des Idealproduktes.

sein kann, wenn es kein Nullteilerideal als echten Teiler besitzt. Dann ist $\mathfrak{p}$ auch sicher Primideal. Haben wir nämlich $\mathfrak{a}_1 \cdot \mathfrak{a}_2 \equiv 0\,(\mathfrak{p})$, so ist auch $(\mathfrak{a}_1, \mathfrak{p}) \cdot (\mathfrak{a}_2, \mathfrak{p}) = (\mathfrak{a}_1 \cdot \mathfrak{a}_2, \mathfrak{p} \cdot (\mathfrak{a}_1, \mathfrak{a}_2), \mathfrak{p}^2) \equiv 0\,(\mathfrak{p})$ und in dieser Kongruenz können nicht beide Faktoren echte Teiler von $\mathfrak{p}$ sein, weil sie sonst regulär wären, in welchem Falle ihr Produkt als reguläres Ideal unmöglich durch $\mathfrak{p}$ teilbar sein könnte. Es ist also etwa $(\mathfrak{a}_1, \mathfrak{p}) = \mathfrak{p}$, d. h. $\mathfrak{a}_1 \equiv 0\,(\mathfrak{p})$. — Wir untersuchen zunächst das Verhältnis der Nullteilerprimideale zu den regulären Primidealen.

Satz 4. Ein Nullteilerprimideal $\mathfrak{p}$ ist zu dem regulären Primideal $\mathfrak{p}_r$ entweder teilerfremd, oder es ist $\mathfrak{p} = \mathfrak{p} \cdot \mathfrak{p}_r$.

Da nämlich $\mathfrak{p}_r$ keinen von $\mathfrak{o}$ verschiedenen echten Teiler besitzt, so ist entweder $(\mathfrak{p}, \mathfrak{p}_r) = \mathfrak{o}$ oder $\mathfrak{p} \equiv 0\,(\mathfrak{p}_r)$. In letzterem Falle besteht wegen der Hauptidealeigenschaft von $\mathfrak{p}_r$ eine Gleichung $\mathfrak{p} = \mathfrak{p}_r \cdot \mathfrak{p}'$, wobei $\mathfrak{p}'$ ein Nullteilerideal sein muß, weil andernfalls $\mathfrak{p}$ regulär wäre. Da nun $\mathfrak{p}$ kein Nullteilerideal als echten Teiler besitzt, so haben wir $\mathfrak{p} = \mathfrak{p}'$ und daraus folgt die Richtigkeit unsrer Behauptung.

Es soll jetzt weiter die Frage behandelt werden, wann eine Gleichung $\mathfrak{p}^{\varsigma+\sigma} = \mathfrak{p}^{\varsigma} \cdot \mathfrak{a}$; $\sigma > 0$, $a \not\equiv 0\,(\mathfrak{p})$ bei einem Nullteilerprimideal $\mathfrak{p}$ möglich ist. Bezeichnen wir mit p eine Basis von $\mathfrak{p}$, mit a eine solche von $\mathfrak{a}$, so können wir aus der Idealgleichung $\mathfrak{p}^{\varsigma+\sigma} = \mathfrak{p}^{\varsigma} \cdot \mathfrak{a}$ zwei Gleichungen $\mathfrak{p}^{\varsigma+\sigma} \cdot c = p^{\varsigma} \cdot a$; $p^{\varsigma} \cdot (c \cdot p^{\sigma} - a) = 0$ herleiten. Hier kann $c \cdot p^{\sigma} - a$ und folglich auch das Ideal $\bar{\mathfrak{p}} = (c \cdot p^{\sigma} - a)$ nicht durch $\mathfrak{p}$ teilbar sein, weil ja $c \cdot p^{\sigma} \equiv 0\,(\mathfrak{p})$, $a \not\equiv 0\,(\mathfrak{p})$ ist. Wir können also zunächst feststellen, daß die Gleichung $\mathfrak{p}^{\varsigma+\sigma} = \mathfrak{p}^{\varsigma} \cdot \mathfrak{a}$ eine Gleichung $\mathfrak{p}^{\varsigma} \cdot \bar{\mathfrak{p}} = (0)$; $\bar{\mathfrak{p}} \not\equiv 0\,(\mathfrak{p})$ nach sich zieht. Es ergibt sich nun weiter, daß aus dieser zuletzt angeschriebenen Gleichung umgekehrt $\mathfrak{p}^{\varsigma} = \mathfrak{p}^{\varsigma+1} = \cdots \mathfrak{p}^{\varsigma+\sigma} \cdots$ folgt. In der Tat, wir haben: $\mathfrak{p}^{\varsigma+1} = \mathfrak{p}^{\varsigma} \cdot (\mathfrak{p}, \bar{\mathfrak{p}})$ und hier ist $\mathfrak{r} = (\mathfrak{p}, \bar{\mathfrak{p}})$ ein echter Teiler von $\mathfrak{p}$ und folglich ein reguläres Ideal. Stellen wir nun $\mathfrak{r}$ nach Satz 2 als Produkt von Primidealpotenzen dar: $\mathfrak{r} = \mathfrak{p}_1^{\varsigma_1} \cdot \mathfrak{p}_2^{\varsigma_2} \cdots \mathfrak{p}_\sigma^{\varsigma_\sigma}$, so sind die regulären Primideale $\mathfrak{p}_i$ wegen der Gleichung $\mathfrak{p}^{\varsigma+1} = \mathfrak{p}^{\varsigma} \cdot \mathfrak{r}$ sämtlich Teiler von $\mathfrak{p}^{\varsigma+1}$ und folglich auch von $\mathfrak{p}$. Nach Satz 4 haben wir daher $\mathfrak{p} \cdot \mathfrak{p}_i = \mathfrak{p}$ $(i = 1, 2 \cdots \sigma)$ und daraus folgt weiter $\mathfrak{p}^{\varsigma} \cdot \mathfrak{r} = \mathfrak{p}^{\varsigma} = \mathfrak{p}^{\varsigma+1}$

Fassen wir die bewiesenen Tatsachen zusammen, so können wir feststellen: Die Gleichung $\mathfrak{p}^{\varsigma+\sigma} = \mathfrak{p}^{\varsigma} \cdot \mathfrak{a}$; $\sigma > 0$, $a \not\equiv 0\,(\mathfrak{p})$ ist nur dann möglich, wenn ein nicht durch $\mathfrak{p}$ teilbares Ideal $\bar{\mathfrak{p}}$ existiert, das der Gleichung $\mathfrak{p}^{\varsigma} \cdot \bar{\mathfrak{p}} = (0)$ genügt, und zwar ist in diesem letzteren Falle stets: $\mathfrak{p}^{\varsigma} = \mathfrak{p}^{\varsigma+1} = \cdots$ [1])

Wir zeigen nun weiter, daß zu jedem Nullteilerprimideal $\mathfrak{p}$ tatsächlich ein endlicher Exponent ς existiert, so daß $\mathfrak{p}^{\varsigma} = \mathfrak{p}^{\varsigma+1}$ wird, und zwar ergibt sich diese Behauptung als Folgerung aus nachstehendem Satz.

Satz 5. Jedes Nullteilerideal $\mathfrak{a}$ läßt sich in der Form $\mathfrak{a} = \mathfrak{r} \cdot \mathfrak{p}_1^{\varsigma_1} \cdot \mathfrak{p}_2^{\varsigma_2} \cdots \mathfrak{p}_\sigma^{\varsigma_\sigma}$ darstellen, wobei $\mathfrak{r}$ ein reguläres Ideal und die $\mathfrak{p}_i$ Nullteilerprimideale bedeuten.

Der Beweis von Satz 5 wird auf Grund von Satz 3 und seinen Folgerungen genau so geführt, wie der auf die Existenz der Zerlegung bezügliche Teil des Beweises von Satz 2 auf Grund von Satz 1. Wir halten uns daher nicht weiter damit auf und ziehen die für uns wichtigen Folgerungen. Wählen wir für $\mathfrak{a}$ insbesondere das Nullideal, so erhalten wir eine Zerlegung $(0) = \mathfrak{p}_1^{\varsigma_1} \cdot \mathfrak{p}_2^{\varsigma_2} \cdots \mathfrak{p}_\sigma^{\varsigma_\sigma}$ (hier kann ja der reguläre Faktor offenbar weggelassen werden). Da nun jedes Ideal Teiler des Nullideals ist, so muß jedes Primideal in einem der Nullteilerprimideale $\mathfrak{p}_1, \mathfrak{p}_2 \cdots \mathfrak{p}_\sigma$ aufgehen, und daraus folgt insbesondere, daß jedes Nullteilerprimideal mit einem der Ideale $\mathfrak{p}_1, \mathfrak{p}_2 \cdots \mathfrak{p}_\sigma$ identisch sein muß.

Es gibt also in R nur die endlich vielen Nullteilerprimideale, die bei einer Produktdarstellung der Null auftreten. Daraus folgt sofort, daß zu jedem Nullteilerprimideal $\mathfrak{p}$ ein endlicher Exponent ς und ein nicht durch $\mathfrak{p}$ teilbares Ideal $\bar{\mathfrak{p}}$ existiert, so daß $\mathfrak{p}^{\varsigma} \cdot \bar{\mathfrak{p}} = (0)$ wird. Man braucht nur, wenn die Gleichung $(0) = \mathfrak{p}^{\varsigma_1} \cdot \mathfrak{p}_2^{\varsigma_2} \cdots \mathfrak{p}_\sigma^{\varsigma_\sigma}$, $\mathfrak{p}_i \neq \mathfrak{p}$ $(i = 2, 3 \cdots \sigma)$ gilt, $\varsigma = \varsigma_1$; $\bar{\mathfrak{p}} = \mathfrak{p}_2^{\varsigma_2} \cdots \mathfrak{p}_\sigma^{\varsigma_\sigma}$ zu setzen. Angesichts des oben über die Potenzen eines Nullteilerprimideals gewonnenen Resultates können wir jetzt feststellen:

Satz 6. Zu jedem Nullteilerprimideal $\mathfrak{p}$ gibt es einen endlichen Exponenten ς, so daß $\mathfrak{p}^{\varsigma} = \mathfrak{p}^{\varsigma+1} = \cdots$ wird.

Als wesentliche Folgerung von Satz 6 ergibt sich:

Satz 7. Zwei verschiedene Nullteilerprimideale sind teilerfremd.

Wir beweisen unsern Satz in der folgenden Form:

Ist $(0) = \mathfrak{p}_1^{\varsigma_1} \cdots \mathfrak{p}_\sigma^{\varsigma_\sigma}$ ($\mathfrak{p}_i \neq \mathfrak{p}_k$ für $i \neq k$), und setzt man $\mathfrak{q}^{(i)} = \prod\limits_{k \neq i} \mathfrak{p}_k^{\varsigma_k}$, so ist $(\mathfrak{q}^{(1)}, \mathfrak{q}^{(2)} \cdots \mathfrak{q}^{(\sigma)}) = \mathfrak{o}$.

---

[1]) Aus dem gewonnenen Ergebnis ergibt sich, daß die Potenzen des Nullteilerprimideals $\mathfrak{p}$ im Sinne der allgemeinen Idealtheorie „primär" sind, d. h. daß ein Produkt zweier Ideale nur dann durch $\mathfrak{p}^{\varsigma}$ teilbar sein kann, wenn das gleiche von einem Faktor oder von einer endlichen Potenz jedes Faktors gilt.

In der Tat folgt aus der letzteren Gleichung die Teilerfremdheit von $\mathfrak{p}_i$ und $\mathfrak{p}_k$ für $i \neq k$, weil jeder gemeinsame Teiler von $\mathfrak{p}_i$ und $\mathfrak{p}_k$ auch Teiler von $(\mathfrak{q}^{(1)}, \mathfrak{q}^{(2)} \cdots \mathfrak{q}^{(\sigma)})$ sein muß, und andrerseits zieht, wie leicht zu sehen, die Teilerfremdheit zweier beliebigen $\mathfrak{p}_i$ die Gleichung $(\mathfrak{q}^{(1)}, \mathfrak{q}^{(2)} \cdots \mathfrak{q}^{(\sigma)})$ nach sich.

Was nun das Ideal $\mathfrak{o}' = (\mathfrak{q}^{(1)}\, \mathfrak{q}^{(2)} \cdots \mathfrak{q}^{(\sigma)})$ angeht, so muß $\mathfrak{o}'$ zunächst regulär sein, weil es durch keines der Nullteilerprimideale $\mathfrak{p}_1, \mathfrak{p}_2 \cdots \mathfrak{p}_\sigma$ teilbar sein kann. Weiter haben wir $\mathfrak{o}'^2 = (\cdots \mathfrak{q}^{(i)} \cdot \mathfrak{q}^{(k)} \cdots)$, wobei i und k unabhängig voneinander die Werte $1, 2 \cdots \sigma$ durchlaufen. Nun ist aber $\mathfrak{q}^{(i)} \cdot \mathfrak{q}^{(k)}$ für $i \neq k$ durch $\mathfrak{p}_i^{\varsigma_i} \cdot \mathfrak{q}^{(i)}$ teilbar und folglich gleich dem Nullideal, während für $i = k$ wir die Gleichung $\mathfrak{q}^{(i)^2} = \prod_{k \neq i} \mathfrak{p}_k^{2\varsigma_k} = \prod_{k \neq i} \mathfrak{p}_k^{\varsigma_k} = \mathfrak{q}^{(i)}$ haben. Es ist mithin $\mathfrak{o}'^2 = (\mathfrak{q}^{(1)}, \mathfrak{q}^{(2)}, \cdots \mathfrak{q}^{(\sigma)}) = \mathfrak{o}'$. Ein reguläres Ideal, das der Gleichung $\mathfrak{o}'^2 = \mathfrak{o}'$ genügt, ist aber nach den Ergebnissen von § 2 mit dem Einheitsideal identisch.

Es ist also, wie behauptet, $\mathfrak{o}' = \mathfrak{o}$. Aus der Teilerfremdheit der Nullteilerprimideale ergibt sich unmittelbar der folgende Satz, der übrigens auch ohne Benutzung dieser Eigenschaft bewiesen werden könnte.

Satz 8. Ist $(0) = \mathfrak{p}_1^{\varsigma_1} \cdots\cdots \mathfrak{p}_\sigma^{\varsigma_\sigma}$, wobei die Nullteilerprimideale $\mathfrak{p}_1, \mathfrak{p}_2 \cdots \mathfrak{p}_\sigma$ sämtlich verschieden sind, so sind die Faktoren $\mathfrak{p}_1^{\varsigma_1}, \cdots \mathfrak{p}_\sigma^{\varsigma_\sigma}$ eindeutig bestimmt. Die Exponenten sind nur dann eindeutig, wenn wir sie so klein wählen, daß $\mathfrak{p}_i^{\varsigma_i - 1} \neq \mathfrak{p}_i^{\varsigma_i}$ ausfällt.

Mit dem Beweis von Satz 8, der sich leicht aus den beim Eindeutigkeitsbeweis von Satz 2 angewandten Schlüssen, sowie aus den oben über die Nullteilerprimidealpotenzen gemachten Bemerkungen ergibt, halten wir uns ebensowenig auf wie mit dem Beweise von Satz 5. Wir wenden uns vielmehr der oben bewiesenen Gleichung $\mathfrak{o} = (\mathfrak{q}^{(1)}, \mathfrak{q}^{(2)} \cdots \mathfrak{q}^{(\sigma)})$ zu, aus der wir schließen, daß sich jedes Element aus R in der Form $a = a^{(1)} + a^{(2)} + \cdots\cdot a^{(\sigma)}$ darstellen läßt, wobei $a^{(i)}$ ein gewisses Element aus dem Ideale $\mathfrak{q}^{(i)}$ bedeutet. Diese Darstellung ist eindeutig. Hat man nämlich $a = a^{(1)} + a^{(2)} + \cdots a^{(\sigma)} = b^{(1)} + b^{(2)} + \cdots\cdot b^{(\sigma)}$, so folgt aus der Gleichung $0 = (a^{(1)} - b^{(1)}) + (a^{(2)} - b^{(2)}) + \cdots\cdot (a^{(\sigma)} - b^{(\sigma)})$, daß die Differenz $a^{(i)} - b^{(i)}$ nicht nur durch das Ideal $\mathfrak{q}^{(i)}$, sondern auch durch das Ideal $\mathfrak{p}_i^{\varsigma_i}$ teilbar sein muß, weil ja jede der Differenzen $a^{(k)} - b^{(k)}$ $(k \neq i)$ durch $\mathfrak{p}_i^{\varsigma_i}$ teilbar ist. Wegen der Teilerfremdheit von $\mathfrak{p}_i^{\varsigma_i}$ und $\mathfrak{q}^{(i)}$ folgt daraus aber, daß $a^{(i)} - b^{(i)}$ auch durch das Produkt $\mathfrak{q}^{(i)} \cdot \mathfrak{p}_i^{\varsigma_i} = (0)$ teilbar und folglich gleich 0 sein muß.[1]) Wir wollen das eindeutig

[1]) Ist nämlich $q^{(i)}$ eine Basis von $\mathfrak{q}^{(i)}$, so haben wir $a^{(i)} - b^{(i)} = q^{(i)} \cdot a'$ und hier muß a' wegen $((q^{(i)}), \mathfrak{p}_i^{\varsigma_i}) = \mathfrak{o}$ durch $\mathfrak{p}_i^{\varsigma_i}$ teilbar sein. – Zu der Tatsache, daß in beliebigen Ringen aus den Beziehungen $a \equiv o\ (\mathfrak{a}_i)$ $(i = 1, 2)$; $(\mathfrak{a}_1, \mathfrak{a}_2) = \mathfrak{o}$ stets die Kongruenz $a \equiv o\ (\mathfrak{a}_1 \cdot \mathfrak{a}_2)$ folgt, vergl. N § 8 p. 53.

bestimmte Element $a^{(i)}$ als „$i^{\underline{te}}$ Komponente des Elementes a“ bezeichnen und können dann feststellen:

Zwei Elemente werden addiert, bzw. multipliziert, indem man ihre Komponenten addiert, bzw. multipliziert oder in Formeln, es ist stets: $(a^{(1)}+a^{(2)}+\cdots a^{(\sigma)})+(b^{(1)}+b^{(2)}+\cdots b^{(\sigma)})=(a^{(1)}+b^{(1)})+(a^{(2)}+b^{(2)})+\cdots(a^{(\sigma)}+b^{(\sigma)})$.

Für die Addition ist unsere Behauptung unmittelbar evident, für die Multiplikation ergibt sie sich, wenn man nach dem distributiven Gesetz multipliziert und bedenkt, daß für $i \neq k$ das Element $a^{(i)} \cdot b^{(k)}$ durch das Ideal $\mathfrak{q}^{(i)} \cdot \mathfrak{q}^{(k)} = (0)$ teilbar sein und folglich verschwinden muß. Die Gesamtheit der Elemente, bei denen nur die $i^{\underline{te}}$ Komponente von 0 verschieden ist, also die Gesamtheit der Elemente des Ideals $\mathfrak{q}^{(i)}$ bildet ersichtlich einen Ring $R^{(i)}$, und zwar besitzt dieser Ring ein Einheitselement. Ist nämlich $r_\varepsilon = q^{(1)}+q^{(2)}+\cdots q^{(\sigma)}$, so haben wir $r_\varepsilon{}^2 = q^{(1)^2} + q^{(2)^2} + \cdots q^{(\sigma)^2}$ und daraus folgt wegen der eindeutigen Bestimmtheit der Komponenten $q^{(i)^2} = q^{(i)}$. Ist nun a ein beliebiges Ringelement, so haben wir $a = a \cdot r_\varepsilon = a \cdot q^{(1)} + a \cdot q^{(2)} + \cdots a \cdot q^{(\sigma)}$, und insbesondere ergibt sich für ein Element $a^{(i)}$ aus $\mathfrak{q}^{(i)}$ die Gleichung $a^{(i)} = q^{(i)} \cdot a^{(i)}$. Das Element $q^{(i)}$ spielt also tatsächlich in $R^{(i)}$ die Rolle des universellen Einheitselementes.

Wir wollen nun den Ring R die „eindeutige Summe der Ringe $R^{(1)}, R^{(2)} \ldots R^{(\sigma)}$“ nennen, wenn sich jedes Element aus R eindeutig als Summe je eines Elementes aus $R^{(1)}, R^{(2)} \ldots R^{(\sigma)}$ darstellen läßt, und wenn außerdem zwei Elemente addiert bzw. multipliziert werden, indem man ihre Komponenten hinsichtlich der Ringe $R^{(i)}$ addiert bzw. multipliziert.

Bei dieser Ausdrucksweise können wir das gewonnene Ergebnis folgendermaßen zusammenfassen.

Satz 9. Besteht für das Nullideal eines Hauptidealringes R die Gleichung $(0) = \prod_{i=1}^{\sigma} \mathfrak{p}_i^{\varsigma_i}$, wobei die $\mathfrak{p}_i$ untereinander verschiedene Nullteilerprimideale bedeuten, so läßt sich R als eindeutige Summe von σ „speziellen“ Ringen mit Einheitselement $R^{(1)}, R^{(2)} \ldots R^{(\sigma)}$ darstellen, wobei $R^{(i)}$ aus der Gesamtheit der Elemente des Ideals $\mathfrak{q}^{(i)} = \prod_{k \neq i} \mathfrak{p}_k^{\varsigma_k}$ besteht[1]).

---

[1]) Dieser Satz 9 ergibt sich aus der Teilerfremdheit der Ideale $\mathfrak{p}_1^{\varsigma_1}, \mathfrak{p}_2^{\varsigma_2} \ldots \mathfrak{p}_\sigma^{\varsigma_\sigma}$ auf Grund von allgemeinen Sätzen der Idealtheorie.

Vergl. Noether-Schmeidler: „Moduln in nichtkommutativen Bereichen“, Math. Zeitschrift 8 (1920) p. 1—35; § 4, sowie Krull, Algebraische Theorie der

§ 4. Untersuchung der speziellen Ringe $R^{(i)}$ und Beweis des Hauptsatzes.

Wir wenden uns nun zum näheren Studium der Ringe $R^{(i)}$, die wir am Schluß des vorangehenden Paragraphen eingeführt haben, und weisen nach, daß diese Ringe von besonders einfachem Bau sind. Daß sie ein Einheitselement besitzen, wurde bereits oben gezeigt. Wir beweisen weiter:

Die Ringe $R^{(i)}$ sind Hauptidealringe.

In der Tat, ist $a^{(i)}$ ein beliebiges Element aus $R^{(i)}$, so haben wir nach einem oben gewonnenen Ergebnis $a^{(i)} = a^{(i)} \cdot q^{(i)}$, $q^{(i)^2} = q^{(i)}$. Daraus folgt, daß das Produkt von $a^{(i)}$ mit einem beliebigen Ringelement a aus R sich auch als Produkt von $a^{(i)}$ mit dem in $R^{(i)}$ enthaltenen Elemente $a \cdot q^{(i)}$ darstellen läßt. Aus der Definition des Ideals, und insbesondere des Hauptideals ergibt sich mit Hilfe dieses Resultates aber, daß ein beliebiges Ideal $\mathfrak{a}$ aus $R^{(i)}$ auch Ideal in R ist, und daß jede Basis von $\mathfrak{a}$ in R auch in $R^{(i)}$ Basis ist.

Wir fragen nun weiter nach den Nullteilerprimidealen in $R^{(i)}$ und erhalten das grundlegende Ergebnis:

Es gibt in $R^{(i)}$ nur ein Nullteilerprimideal, nämlich $\mathfrak{q}^{(i)} \cdot \mathfrak{p}^{(i)}$. Die ς_i^{te} Potenz dieses Ideals wird gleich dem Nullideal.

Der letzte Teil unserer Behauptung, aus dem hervorgeht, daß $\mathfrak{q}^{(i)} \cdot \mathfrak{p}^{(i)}$ in $R^{(i)}$ Nullteilerideal ist, ist trivial. Um die Richtigkeit des ersten Teils einzusehen, braucht man sich nur zu überlegen, daß jedes Nullteilerideal aus $R^{(i)}$ durch $\mathfrak{q}^{(i)} \cdot \mathfrak{p}^{(i)}$ teilbar sein muß. In der Tat, ist $\mathfrak{a}^{(i)}$ ein beliebiges Ideal aus $R^{(i)}$, so haben wir zunächst $\mathfrak{a}^{(i)} = \mathfrak{a}^{(i)} \cdot \mathfrak{q}^{(i)}$. Ist nun $\mathfrak{a}^{(i)}$ nicht durch $\mathfrak{p}_i$ teilbar, so ist es zu $\mathfrak{p}_i^{\varsigma_i}$ teilerfremd. Haben wir daher in $R^{(i)}$: $\mathfrak{a}^{(i)} \cdot \bar{\mathfrak{a}}^{(i)} = (0)$, so muß $\bar{\mathfrak{a}}^{(i)}$ durch $\mathfrak{p}_i^{\varsigma_i}$ teilbar sein. Dann aber ist $\bar{\mathfrak{a}}^{(i)} = \bar{\mathfrak{a}}^{(i)} \cdot \mathfrak{q}^{(i)}$ durch $\mathfrak{p}_i^{\varsigma_i} \cdot \mathfrak{q}^{(i)}$ teilbar und mithin gleich dem Nullideal, d. h. jedes nicht durch $\mathfrak{p}_i \cdot \mathfrak{q}^{(i)}$ teilbare Ideal ist in $R^{(i)}$ regulär.

Mit Hilfe der ermittelten Eigenschaften des Ringes $R^{(i)}$ zeigen wir jetzt:

Satz 10. Gibt es in einem Ringe $R^{(i)}$ einen von 0 verschiedenen Nullteiler, so ist jedes reguläre Element aus $R^{(i)}$ Einheit.

Ringe II Math. Annal. 91 (1924) § 2, Hilfssatz. Vergl. ferner zu dem vorliegenden Paragraphen die entsprechende Darstellung für die zerlegbaren Ringe **F. § 4**, sowie Masazo Sono: On Congruences IV. Memoirs of the College of Science, Kyoto Imperial University, Vol. III Nr. 10. 1919. p. 300—308, insbesondere § 2 und § 3. Die ausführliche Herleitung unseres Satzes wurde hier gegeben, weil sie kaum mehr Platz beansprucht, als die Darstellung der Sachlage bei Berufung auf die angegebenen Arbeiten.

Um überflüssige Indizes zu vermeiden, wollen wir die Elemente von $R^{(i)}$ genau so bezeichnen wie früher die des Ringes R, es soll also r_ε das Einheitselement aus $R^{(i)}$ bedeuten usw. — Wir bemerken zunächst, daß ein Element r aus $R^{(i)}$ Einheit ist, falls in $R^{(i)}$ eine Gleichung $r \cdot s = r_\varepsilon + q$ gilt, wobei q einen Nullteiler bedeutet, dessen ς^{te} Potenz verschwindet.

In der Tat aus der Formel $(a+b)\cdot(a-b)=a^2-b^2$ und aus der Gleichung $q^\varsigma = 0$ folgt unmittelbar $r \cdot \big(s \cdot (r_\varepsilon - q) \cdot (r_\varepsilon + q^2) \cdot (r_\varepsilon + q^{2^2}) \cdots (r_\varepsilon + q^{2^\varsigma})\big) = r_\varepsilon$.

Es sei nun r ein beliebiges reguläres Element aus $R^{(i)}$, $\mathfrak{r} = (r)$ sei das daraus abgeleitete Ideal, $\mathfrak{p}^\varkappa = (p)$ sei das Nullteilerprimideal aus $R^{(i)}$. Dann ist $\mathfrak{r} \cdot \mathfrak{p}^\varkappa = \mathfrak{p}^\varkappa$, wie man unmittelbar erkennt, wenn man $\mathfrak{r}$ als Produkt regulärer Primideale darstellt und beachtet, daß in unserm speziellen Ringe jedes reguläre Primideal $\mathfrak{p}$ Teiler von $\mathfrak{p}^\varkappa$ sein muß, und folglich nach Satz 4 der Gleichung $\mathfrak{p} \cdot \mathfrak{p}^\varkappa = \mathfrak{p}^\varkappa$ genügt. Durch Übergang zu den Basiselementen erhalten wir aus der Idealgleichung $\mathfrak{r} \cdot \mathfrak{p}^\varkappa = \mathfrak{p}^\varkappa$ eine Beziehung $s \cdot r \cdot p = p$, und weiter $0 = (r_\varepsilon - s \cdot r) \cdot p$. Enthält nun unser Ring einen von 0 verschiedenen Nullteiler, so muß $p \neq 0$ sein, und es ist daher $s \cdot r = r_\varepsilon + q$, wobei q einen Nullteiler bedeutet, der nach dem, was oben über die speziellen Ringe festgestellt wurde, durch $\mathfrak{p}^\varkappa$ teilbar sein und mithin einer Gleichung $q^\varsigma = 0$ genügen muß. Daraus folgt aber, nach einer eben gemachten Bemerkung, daß r Einheit ist, die Behauptung von Satz 10 ist mithin als richtig nachgewiesen.

Auf Grund von Satz 10 können wir die speziellen Ringe $R^{(i)}$, in die sich die allgemeinen Hauptidealringe R zerlegen lassen, in zwei Klassen einteilen.

1. Die speziellen Ringe ohne Nullteiler.

Für diese Ringe wurde die Theorie der multiplikativen Zerlegung ihrer Elemente, und Ideale bereits in § 2 geliefert und war im wesentlichen mit der entsprechenden Theorie bei den ganzen Zahlen identisch. Wir wollen diese Bereiche daher als „Ringe vom Typus der ganzen Zahlen" bezeichnen.

2. Die speziellen Ringe, in denen es nur Einheiten und Nullteiler gibt.

Diese Ringe enthalten nur endlich viel Ideale, nämlich außer $\mathfrak{o}$ das Nullteilerprimideal $\mathfrak{p} = (p)$ und seine Potenzen $\mathfrak{p}^2 = (p^2)$, $\mathfrak{p}^3 = (p^3)$ $\cdots \mathfrak{p}^\varsigma = (0)$. Jedes Ringelement stellt das Produkt einer Einheit mit einer Potenz des „Primteilers" p dar. Die Verhältnisse liegen also im wesentlichen so wie beim Restklassensystem nach einer Primzahlpotenz. Wir wollen diese Ringe im Anschluß an die Fraenkelsche Bezeichnungsweise „spezielle zerlegbare Ringe" nennen. (Die allgemeinen zerlegbaren Ringe entstehen durch additive Zusammensetzung endlich vieler spezieller.)

Wir fassen das gewonnene Ergebnis folgendermaßen zusammen:

Hauptsatz. Jeder Hauptidealring stellt die eindeutige Summe von endlich viel Ringen vom Typus der ganzen Zahlen, sowie von endlich vielen speziellen zerlegbaren Ringen dar.

Unser Ergebnis ist vor allem deshalb merkwürdig, weil die Ringe vom Typus der ganzen Zahlen, sowie die zerlegbaren Ringe wohlbekannte Ringtypen sind. (Bei den Ringen vom Typus der ganzen Zahlen ist diese Behauptung selbstverständlich; bei den zerlegbaren Ringen braucht man nur auf die FRAENKELsche Abhandlung zu verweisen.) Unser Hauptsatz lehrt uns nun, daß die Betrachtung der allgemeinen Hauptidealringe zu keinen wesentlich neuen Ringtypen führt; denn beherrscht man die Ringe $R^{(1)}, R^{(2)}, \cdots R^{(\sigma)}$, so beherrscht man selbstverständlich auch den aus ihnen eindeutig additiv zusammengesetzten Ring R.

MIX
Papier | Fördert gute Waldnutzung
FSC® C083411

Zeitfracht Medien GmbH
Ferdinand-Jühlke-Straße 7
99095 Erfurt, Deutschland
produktsicherheit@kolibri360.de